BEI GRIN MACHT SICH IHR WISSEN BEZAHLT

- Wir veröffentlichen Ihre Hausarbeit, Bachelor- und Masterarbeit

- Ihr eigenes eBook und Buch - weltweit in allen wichtigen Shops

- Verdienen Sie an jedem Verkauf

Jetzt bei www.GRIN.com hochladen und kostenlos publizieren

Bibliografische Information der Deutschen Nationalbibliothek:

Die Deutsche Bibliothek verzeichnet diese Publikation in der Deutschen National-bibliografie; detaillierte bibliografische Daten sind im Internet über http://dnb.d-nb.de/ abrufbar.

Impressum:

Copyright © 2016 GRIN Verlag, Open Publishing GmbH
Druck und Bindung: Books on Demand GmbH, Norderstedt Germany
ISBN: 9783668558588

Dieses Buch bei GRIN:

http://www.grin.com/de/e-book/378009/lesotho-highlands-water-projects-die-wasserkooperation-zwischen-suedafrika

Lejonina Herting

Aus der Reihe: e-fellows.net schüler-wissen

e-fellows.net (Hrsg.)

Band 1643

Lesotho Highlands Water Projects. Die Wasserkooperation zwischen Südafrika und Lesotho

GRIN Verlag

GRIN - Your knowledge has value

Der GRIN Verlag publiziert seit 1998 wissenschaftliche Arbeiten von Studenten, Hochschullehrern und anderen Akademikern als eBook und gedrucktes Buch. Die Verlagswebsite www.grin.com ist die ideale Plattform zur Veröffentlichung von Hausarbeiten, Abschlussarbeiten, wissenschaftlichen Aufsätzen, Dissertationen und Fachbüchern.

Besuchen Sie uns im Internet:

http://www.grin.com/

http://www.facebook.com/grincom

http://www.twitter.com/grin_com

**Internationale Wasserkooperation in Trockenregionen – Eine Analyse
des Fallbeispiels Südafrika und Lesotho**

Facharbeit im Fach Erdkunde
am Gymnasium Walsrode

vorgelegt von:
Lejonina Herting

Abgabetermin:
14.03.2016, Walsrode

Inhaltsverzeichnis

<u>**1. Einleitung: Wasser als Ressource**</u>
1.1 <u>Relevanz des Themas/ Herleitung der Fragestellung</u>

Wasser ist die zentrale Voraussetzung für Leben auf der Erde und somit auch für die Entwicklung einzelner Individuen und ganzer Staaten. In der Wirtschaft spielt Wasser in Sektoren wie Landwirtschaft und Industrie eine wichtige Rolle (vgl. Kipping/Lindemann, 2005, S. 12). Weltweit gibt es schätzungsweise 1,4 Milliarden Kubikkilometer Wasser, trinkbar sind davon jedoch lediglich 2,5 %. Aber auch von diesem Süßwasser sind nur etwa 0.3% leicht zugänglich (vgl. Fröhlich, 2008, S. 71). Durch weltweites Bevölkerungs- und Wirtschaftswachstum ist der Wasserverbrauch in den letzten Jahrzehnten drastisch gestiegen (vgl. M1). Zusätzlich bedingt durch den Klimawandel und damit verbundenen Wetterextrema gibt es eine zunehmende Wasserknappheit, die primär einen Trinkwassermangel mit sich bringt. So haben weltweit 1,1 Mrd. Menschen kein sauberes Trinkwasser (vgl. Kluge/Scheele, 2008, S. 13). Dies zeigt, dass es sich bei dem Mangel eindeutig um ein globales Problem handelt. Aufgrund solcher Zustände und verstärkt durch die ungleiche Verteilung des Wassers ist längst eine Konkurrenz um die Ressource entstanden, die häufig enorme Konflikte auslöst (vgl. Fröhlich, 2008, S. 71/72). In den Medien wird oft sogar von „Wasserkriegen" gesprochen, eine irrtümliche Bezeichnung, da der letzte eindeutige Wasserkrieg vor 4.500 Jahren stattfand[1] (vgl. Kipping/Lindemann, 2005, S. 15). Trotz der nicht zu unterschätzenden Anzahl an Wasserkonflikten ist jedoch festzustellen, dass die Knappheit viel eher zu Kooperationsinteresse als zu gewaltsamen Auseinandersetzungen führt (vgl. Fröhlich, 2008, S. 73). Vor allem in Trockenregionen ist diese Art der Hydropolitik von immer größerer Bedeutung. So gibt es beispielsweise in der SADC[2] aktuell 24 internationale Wasserabkommen (vgl. Kipping/Lindemann, 2005, S. 112). Dies lässt folgende Frage aufkommen: Wie sieht eine solche Wasserkooperation im Detail aus und als wie effizient kann sich diese Art der Zusammenarbeit in einer Trockenregion erweisen? Das soll am Fallbeispiel der Kooperation zwischen Südafrika und Lesotho erörtert werden.

1 Zwischen den mesopotamischen Stadtstaaten Lagash und Umma
2 Southern African Development Community (Umfasst die Region des Südlichen Afrikas)

1.2 <u>Arbeitsweise</u>

35 Zur Beantwortung der oben genannten Fragestellung wird im ersten Teil
dieser Arbeit zunächst ein theoretischer Ansatz angeführt, der konkrete
Faktoren zeigt, die auf internationale Wasserkooperation Einfluss haben
können (Abschnitt 2). Diese dienen der Orientierung und werden im letzten Teil an dem Fallbeispiel des Lesotho Highlands Water Project (LHWP)

40 angewandt (Abschnitt 4.1). Um eine angemessene Analyse zu gewährleis-
ten, müssen jedoch zunächst naturgeographische (Abschnitt 3.1) und öko-
nomische sowie politische Grundlagen (Abschnitt 3.2) näher erörtert werden. Außerdem wird ein Überblick über das LHWP gegeben.

2.Theorieansatz

45 2.1 <u>Abgrenzung des Themas</u>
Zunächst muss geklärt werden, wie eine Trockenregion zu definieren ist:
In einem solchen Gebiet herrscht ein arides bis semiarides Klima, wobei
Letzteres folgendermaßen definiert wird: „Semiarid sind Klimazonen, in
denen „der gesamte jährliche Niederschlag[...] bei nur 400 – 600mm

50 [liegt]" (Schülerduden Erkunde II, 2001, S. 341f.). Weiterhin ist festzuhal-
ten, dass im Folgenden jede Art von „vertraglich abgesicherte[r], norm-
und regelgeleitete[r]" (Kipping/Lindemann, 2005, S. 119) internationaler
Wasserabkommen als „Wasserkooperation" zu bezeichnen ist.

2.2 <u>Ausgangs- und Prozessfaktoren</u>

55 Zur sachgemäßen Beantwortung der Fragestellung ist es notwendig, zu-
vor allgemein anwendbare Faktoren aufzuführen, die als Indikatoren für
eine effiziente Kooperation dienen können. Aufgrund eines Mangels an
entsprechender Literatur beziehe ich mich hauptsächlich auf den von Kipping und Lindemann aufgeführten Theorieansatz[3]. Es lassen sich zwei Ar-

60 ten von Faktoren unterscheiden. Zum einen gibt es Ausgangsfaktoren, die
Anreize für die Entstehung einer Kooperation darstellen. Hier ist zuerst ein
allgemeiner Konsens im Bezug auf das Problem zu nennen. Dies setzt
voraus, dass sich beide Parteien nicht mit dem gleichen Problem konfrontiert sehen. Das Ziel der Kooperation soll also die Entstehung einer „win-

65 win-Situation" sein. Auch ein erhöhter Problem-/Handlungsdruck kann das

---

3   Dort wird sich vor allem auf die Pionierstudie von Le Marquand aus dem Jahr 1977 bezogen

Zustandekommen einer Kooperation fördern. Des Weiteren kann auch der Entwicklungsstand der Länder von entscheidender Bedeutung im Hinblick auf Ressourcen und Finanzierung sein. Zum anderen gibt es die Prozessfaktoren, dies sind Erfolgsbedingungen für Kooperation im
70 weiteren Verlauf. So sind die praktische Machbarkeit der Kooperation und damit verbunden finanzielle und organisatorische Kapazitäten wichtig. Entscheidenden Einfluss können außerdem der Grad der Flexibilität sowie der spezifischen oder funktionalen Ausrichtung haben. Aber auch der politische Wille zur Umsetzung der Kooperation, sowie Möglichkeiten der
75 Konfliktregelung sind von Bedeutung. Die Unterstützung durch Drittparteien kann sowohl als Ausgangs- sowie als Prozessfaktor eine Rolle spielen (vgl. Kipping/Lindemann, 2005, S. 117).

3. Fallbeispiel Wassermanagement Südafrika/Lesotho

3.1 Naturräumliche Grundlagen

80 3.1.1 Lage

Südafrika befindet sich am südlichen Rand Afrikas und erstreckt sich von 22,5 - 34,0 Grad südliche Breite sowie von 16,5 - 32,5 Grad östliche Länge (vgl. DIERCKE, 2008, S. 140/41). Das Land ist mit 1.219.090 km² etwa 3,4-mal so groß wie Deutschland. Südafrika grenzt im Westen an den At-
85 lantik und im Norden an die Länder Namibia, Botsuana und Simbabwe (vgl. WKO, 2015). Die 30.355 km² große Enklave[4] Lesotho befindet sich im gebirgigen Südosten Südafrikas. Während Südafrika durchschnittlich etwa 1000 m über NN ist, liegt der Großteil Lesothos in mehr als 2200 m Höhe (vgl. Nüsser, 2001, S. 30); (vgl. M2).

90 3.1.2 Klima

Durch die Nähe zum Wendekreis herrscht in Südafrika ein subtropisches Klima. Die Niederschläge schwanken stark und nehmen von Südost nach Nordwest von 2.000 mm zu 50 mm pro Jahr ab (vgl. M3). Diese extremen Unterschiede sind durch das bereits genannte Relief zu erklären, da das
95 Hochgebirge im Südosten durch das Prinzip des Steigungsregens deutlich stärkere Niederschläge zu verzeichnen hat. So liegt auch Lesotho in diesem niederschlagsreichen Gebiet (vgl. Schneider, 2012); (vgl. M4). Insgesamt ist die Region jedoch durch arides bis semiarides Klima ge-

4 Ein eigenstaatliches Gebiet in fremdem Staatsgebiet [Exklave]

kennzeichnet, denn in 65% Südafrikas fallen weniger als 500 mm Nieder-
100   schlag pro Jahr (vgl. Lexas).

3.2 Gegebenheiten

3.2.1 Wirtschaftliche Lage

Obwohl Südafrika mit einem BIP von 7352 US-$ pro Kopf die zweitstärks-
te Wirtschaftsmacht Afrikas darstellt, ist das Land von großen Disparitäten
105   geprägt (vgl. Lohnert, 2014, S. 16). Die Arbeitslosenquote liegt bei über 40
Prozent, sodass die Unterschiede zwischen Arm und Reich enorm sind
(vgl. Puhl, 2013, S. 90). Der Dienstleistungssektor stellt mit 68% den größten Teil des BIP, danach folgen Industrie (29,5%) und Landwirtschaft
(2,5%) (vgl. WKO). Lesotho dagegen weist nur ein BIP/Kopf von 1193 US-
110    $ auf (vgl. Lohnert, 2014, S.16). Das Land, dessen Bevölkerung haupt-
sächlich von wenig rentabler Viehwirtschaft lebt, ist von großer Armut ge-
kennzeichnet. Lesotho befindet sich in einer starken Abhängigkeit von der
Regionalmacht Südafrika, so arbeiten zahlreiche lesothische Männer in
südafrikanischen Minen und 95% der Importe stammen ebenfalls aus dem
115   Nachbarland (vgl. Ruffert, 2002). Die einzigen wirklich nennenswerten
Wirtschaftszweige sind die Textilindustrie sowie Diamantenminen (vgl.
ZEIT, 2014). Die größten Entwicklungsdefizite des Landes liegen in den
Bereichen Infrastruktur sowie Tourismus (vgl. Kipping/Lindemann, 2005, S.
190).

120   3.2.2 Politische und soziale Situation

Seit dem Ende des Apartheidssystems[5] 1994 ist Südafrika eine parlamentarische Demokratie. Die 1996 verabschiedete Verfassung des Landes ist
einer der fortschrittlichsten weltweit (vgl. Lohnert, 2014, S. 17). Die erste
frei gewählte Regierung, bestehend aus dem ANC[6], machte daher vielen
125   Südafrikaner Hoffnung auf verbesserte Lebensverhältnisse, doch auch
nach 20 Jahren sind viele soziale Probleme nicht gelöst, sodass vor allem
die segregierte Raumordnung noch immer in vielen Städten besteht (vgl.
Khan, 2008, S. 100). Lesotho, das bis 1966 britisches Protektorat[7] war, ist
eine parlamentarische Monarchie, in der im Gegensatz zu Südafrika nicht
130   das Apartheidssystem vorherrschte (vgl. Lohnert, 2014, S. 16). Die lesothi-

---

5 Trennung zwischen privilegierten Weißen und benachteiligten Farbigen
6 Afrikanischer Nationalkongress; Partei Nelson Mandelas
7 Damals noch unter dem Namen Basutoland

sche Geschichte ist von wiederkehrenden Putschversuchen geprägt. Zu nennen wäre hier der Militärputsch vom 20. Januar 1986, bei dem der bisherige Staatschef Chief Leabua Jonathan gestürzt wurde. Einige Autoren sehen in diesem Ereignis einen aktiven Eingriff Südafrikas in die lesothische Politik, da neun Monate nach dem Putsch das für Südafrika wichtige Wasserabkommen zwischen den beiden Staaten unterschrieben wurde (vgl. Kipping/Lindemann, 2005, S. 192). In den Folgejahren wurde Lesotho von einem Militärrat regiert, bis es 1993 zu einem Umschwung kam und eine demokratische Verfassung in Kraft trat (vgl. Länder-Lexikon). Ein weiterer Putschversuch war im August 2014 und richtete sich gegen die bestehende Koalitionsregierung, die seit 2012 aus drei Parteien besteht (vgl. ZEIT, 2014). Dies zeigt die instabile politische Situation der Enklave. In der Politik kommt es immer wieder zu externen Eingriffen Südafrikas, sodass auch hier eine Abhängigkeit erkennbar wird (vgl. Pilgrim, 2014, S. 4).

3.2.3 Wassermengen und Verbrauch

Die wichtigste Wasserquelle ist in Südafrika der 2300 km[8] lange Orange[9]. Der Fluss entspringt im Nordosten Lesothos in einer Höhe von 3300 m und fließt dann westwärts durch Südafrika und mündet in Namibia im Atlantischen Ozean. Das 964.000 km² große Flussgebiet ist durch durchschnittliche Jahresniederschläge von 400 mm geprägt, womit insgesamt ein semiarides Klima vorherrscht (vgl. Kipping/Lindemann, 2005, S. 186). Die beiden wichtigsten Zuflüsse stellen der Vaal River in Südafrika und der Senqu River in Lesotho dar. Der Vaal River ist die wichtigste Wasserquelle für die Provinz Gauteng im Nordwesten Südafrikas, die das industrielle Zentrum des Landes darstellt (vgl. M5). Die Region hat daher einen enorm hohen Wasserverbrauch, der selbst durch die Verbindung des Vaals mit acht anderen Flüssen nicht gedeckt werden kann (vgl. Kipping/Lindemann, 2005, S. 186). Im peripheren Lesotho wird hingegen nur ein Bruchteil des vorhandenen Wassers genutzt, sodass hier ein klarer Überschuss erkennbar ist (vgl. Schneider, 2012).

3.3 Das Lesotho Highlands Water Project (LHWP)

8 Andere Angaben sprechen nur von 1860km
9 Auch *Oranje*

3.3.1 Entstehung

165 Das Lesotho Highlands Water Project ist ein Abkommen, in dem eine Kooperation zwischen Südafrika und Lesotho in Form eines Wassertransfers
festgeschrieben ist. Der Vertrag des LHWP wurde am 24. Oktober 1986 in
Lesothos Hauptstadt Maseru unterzeichnet (vgl. Kipping/Lindemann,
2005, S. 187). Das Hauptziel der Kooperation war die Sicherung der Was-
170 serversorgung der südafrikanischen Provinz Gauteng durch das Umleiten
des lesothischen Senqu Rivers. Im Gegenzug sollte Lesotho Hydroelektrizität und Geldzahlungen Südafrikas[10] erhalten (vgl. Pilgrim, 2014, S. 1).
Doch dem Vertragsabschluss gingen langjährige Verhandlungen vorweg.
Erste Diskussionen gab es bereits seit den 1950er-Jahren, damals jedoch
175 noch mit dem Ziel, das Wasser zu den Goldminen Südafrikas umzuleiten.
Erst in den 1960er-Jahren, vor dem Hintergrund einer extremen Dürre,
wurde der Plan entwickelt, das Wasser nach Gauteng zu transferieren.
Aufgrund keiner Einigung über die Höhe der zu zahlenden „royalties" wurden die Verhandlungen jedoch 1972 abgebrochen. Drei Jahre später wur-
180 den sie wieder aufgenommen, scheiterten jedoch schnell, da die bilatera-
len Beziehungen zwischen den beiden Ländern, bedingt durch politische
Unruhen, zunehmend schlechter wurden. Erst in den 1980er-Jahren kam
man schließlich zu der Übereinstimmung, fachkundige Berater mit einer
Machbarkeitsstudie zu beauftragen (vgl. Kipping/Lindemann, 2005, S.
185 191). Südafrika hatte zu diesem Zeitpunkt noch ein alternatives Wasser-
transferprojekt in Planung, welches sich jedoch als wesentlich teurer und
qualitativ minderwertiger erwies, sodass man sich zur Umsetzung des
LHWPs entschloss. Nach weiteren Unruhen und dem Regierungswechsel
in Lesotho, kam es schließlich zur Einigung und damit zum Vertragsab-
190 schluss 1986 (vgl. Länder-Lexikon).

3.3.2 Umfang der Kooperation

Das LHWP ist in fünf Phasen[11] unterteilt, deren Umsetzung sich ursprüng-
lich über einen Zeitraum von 30 Jahren erstrecken sollte (vgl. Pilgrim,
2014, S. 1). Für die Finanzierung sollte ausschließlich Südafrika verant-
195 wortlich sein, während Lesotho lediglich die Kosten für die Elektrizitätswer-

---

10 Sogenannte „royalties" (vgl. Kipping/Lindemann, 2005, S. 191)
11 Andere Angaben sprechen nur von 4 Phasen

ke übernimmt. Dabei war vor allem die Weltbank als größter Kreditgeber aktiv (vgl. Pilgrim, 2014, S. 2). Phase 1a umfasst die Errichtung des 185 m hohen Katse Damm, sowie den Bau eines 45 km langen Tunnels, um eine Verbindung zu einem Damm mit einer Höhe von 55 m sowie dem Wasserkraftwerk in Muela zu schaffen. In Phase 1b ist der Bau des 145 m hohen Mohale Damms sowie eines weiteren Verbindungstunnel zum Katse Damm vorgesehen (vgl. Kipping/Lindemann, 2005, S. 193). In der zweiten Phase soll dann der Polihali Damm, ein weiterer Verbindungstunnel zum Katse Damm und das Kobong-Pumpspeicherwerk errichtet werden. In den letzten drei Phasen sollen noch drei weitere Dämme mit zugehörigen Tunnelsystemen gebaut werden (vgl. Pilgrim, 2014, S. 1-2); (vgl. M6). Bereits an dieser umfassenden Planung lässt sich erkennen, welche Komplexität das Abkommen aufweist. So sind in dem 85 Seiten langen Vertrag auch präzise Regeln und Verfahrensweisen aufgeführt, die funktional auf spezifische Probleme ausgelegt sind. Eine andere Auffälligkeit ist der Beschluss, dass mindestens alle 12 Jahre Nachverhandlungen stattfinden, um das Abkommen gegebenenfalls an veränderte Umstände anzupassen. So wurde auch die Organisationsstruktur nachträglich zentralisiert (vgl. Kipping/Lindemann, 2005, S. 196).

3.3.3 Bisherige Umsetzung

Bisher wurden nur die Phasen 1a und 1b für Gesamtkosten von 4 Milliarden US-Dollar umgesetzt (vgl. Ruffert, 2002). Während die Umsetzung von Phase 1a von 1989 bis 1998 ging, wurde Phase 1b 2004 abgeschlossen (vgl. M7). Als Ergebnis werden seitdem jährlich 780 Millionen Kubikmeter Wasser ins Vaal-Flussbecken geleitet. Als weiteres Ergebnis ist auch die Energieproduktion von 72 MW des Muela-Wasserkraftwerks zu betrachten (vgl. Schneider, 2012). Nach Abschluss von Phase 1a lief der Wassertransfer mit einer Geschwindigkeit von 17 m³/s ab, durch die Umsetzung von Phase 1b konnte dies auf 29 m³/s gesteigert werden (vgl. Kipping/Lindemann, 2005, S. 193). Die Umsetzung der weiteren Phase wurde danach vorerst ausgesetzt, da man in den vorherigen Prognosen die Was-

serknappheit Südafrikas überschätzt hatte (vgl. Kipping/Lindemann, 2005,
S. 194). Phase 2 wurde im März 2014 eingeleitet, sodass 2017 mit dem
230 Bau begonnen werden soll. Die Umsetzung soll eine weitere Wasserein-
speisung in den Vaal River von 465 Millionen Kubikmeter pro Jahr erzielen
(vgl. Pilgrim, 2014, S. 1).

3.3.4 Vor- und Nachteile

Die Vorteile, die das LHWP für beide Länder ergeben hat, sind unver-
235 kennbar. Durch das Abkommen konnte eine „win-win-Situation" geschaffen
werden. So konnte die Wasserversorgung der Industrieregion Gauteng
und somit auch das weitere Wirtschaftswachstum Südafrikas gesichert
werden. Lesotho hingegen profitiert durch die Elektrizitätswerke, den Aus-
bau der Infrastruktur, der mit den Baumaßnahmen einhergeht sowie von
240 verbesserten Staatseinnahmen[12] (vgl. Reeh, 2012). Nicht zu
vernachlässigen ist auch die Tatsache, dass die Hydroelektrizität eine sehr
nachhaltige Form der Stromproduktion ist (vgl. Schneider, 2012). Doch
trotz der Entwicklungsfortschritte[13], die so für beide Länder möglich sind,
gibt es auch zahlreiche Nachteile. So stiegen beispielsweise im Zuge des
245 Transfers die Wasserpreise in Gauteng auf 39 Cent pro m³ an, was vor
allem für den ärmeren Teil der Bevölkerung eine Belastung ist (vgl.
Kipping/Lindemann, 2005, S. 193/194). Auch Korruptionsvorwürfe gab es
immer wieder. So wurden angeblich Gelder, die aus den für das LHWP
vorgesehenen Krediten stammen, von wichtigen Funktionären, auch direkt
250 aus der LHDA[14], unterschlagen. Auch an den Bauarbeiten beteiligte
Firmen sollen den Leitern Bestechungsgelder gezahlt haben (vgl. Damm,
2006). Des Weiteren hat das LHWP vor allem für die lesothische
Bevölkerung schwerwiegende Folgen: Durch die Umsetzung der Phase 1a
gingen 1600 ha Ackerland und 3200 ha Weideland verloren, außerdem
255 gab es 310 Umsiedlungen (vgl. Nüsser, 2001, S. 35). Phase 1b forderte
weitere 1635 ha Land und hatte 360 Umsiedlungen zur Folge. Im
Abkommen wird diesen Menschen zwar ein Entschädigungsanspruch
zugesprochen, aber in den meisten Fällen wurde dieser bisher erst sehr

---

12 2011/2012 machten die Geldzahlungen für den Wassertransfer 5,9% der lesothischen
   Staatseinnahmen aus (vgl. Pilgrim, 2014, S. 2)
13 HDI-Anstieg (1990-2014): Südafrika: +0,29%; Lesotho: +0.03% (vgl. UNDP, 2014)
14 *Lesotho Highlands Development Authority,* Organisatorische Leitung des LHWP

verspätet oder zu geringfügig ausgezahlt (vgl. Reeh, 2012). Insgesamt würden so 20.000 Menschen ihre Existenzgrundlage verlieren, sollten alle Phasen des Bauprojekts realisiert werden (vgl. Nüsser, 2001, S. 35). An dieser Stelle könnten die zusätzlichen Staatseinnahmen optimal zur Armutsbekämpfung, einem primären Ziel des Projekts, genutzt werden. Dies ist bisher jedoch nicht passiert. Ohne Lösung könnte das zu einer Abwanderung aus Lesotho führen (vgl. Reeh, 2012). Die Abhängigkeit Lesothos von Südafrika hat sich durch das LHWP nur noch vergrößert, da das Interesse Letzterer an dem gemeinsamen Projekt auch auf politischer Ebene immer mehr Einfluss hat. Auf wirtschaftlicher Ebene sind die Vorteile des LHWP für beide Länder nicht zu unterschätzen, doch vor allem den Probleme, mit denen sich die Bevölkerung konfrontiert sieht, muss mehr Aufmerksamkeit zuteil werden (vgl. Nüsser, 2001, S. 36).

4. Fazit: eine gelungene Kooperation?

4.1 Anwendung auf Theorieansatz

Nach diesen Ausführungen sollen die Gegebenheiten des LHWP nun auf den vorangestellten Theorieansatz übertragen werden, um festzustellen, inwieweit es sich um eine effiziente Kooperation handelt. Bei den Ausgangsfaktoren kann die Konfrontation mit unterschiedlichen Problemen als zutreffend beschrieben werden: Während Südafrika unter einem Wassermangel leidet, hat das schwach entwickelte Lesotho nur geringes Kapital. So ist vor allem für Südafrika ein erhöhter Problemdruck festzustellen, da durch den Wassermangel auch die Wirtschaft des Landes gefährdet ist. Dies hat sich als eindeutig kooperationsförderlich erwiesen (vgl. Kipping/Lindemann, 2005, S. 190). Nach langandauernden Verhandlungen konnte so, durch die Anreize in Form von Elektrizität und „royalties" für Lesotho, insgesamt eine „win-win-Situation" geschaffen werden (vgl. Reeh, 2012). Doch auch die unterschiedlichen Entwicklungsstadien[15] stellen einen bedeutsamen Faktor dar, denn durch die erhöhte Finanzkraft Südafrikas und den Wasserreichtum Lesothos konnten die Potenziale beider Länder entscheidend genutzt werden. Wäre Südafrika auf einem ähnlichen Entwicklungsstand wie die Enklave, hätte die Finanzierung zum limitierenden Faktor werden können (vgl. Kipping/Lindemann, 2005, S. 196).

15 HDI 1990: 0, 621 (Südafrika) im Unterschied zu 0,493 (Lesotho) (vgl. UNDP, 2014)

Auch bei den Prozessfaktoren lassen sich Übereinstimmungen mit dem Theorieansatz finden. Die praktische Machbarkeit des LHWP wurde in einem aufwändigen Verfahren herausgearbeitet und auch durch die organisatorische Stärke Südafrikas konnte das Projekt umgesetzt werden. Die enorme Flexibilität des LHWP wird an der situationsbedingten Verschiebung der Umsetzung der Phasen 2-5 sowie den regelmäßigen Nachverhandlungen deutlich. Die spezifische und funktionale Ausrichtung des Projekts ist ebenfalls gegeben und präzise im 85 Seiten umfassenden Vertrag festgeschrieben (vgl. Kipping/Lindemann, 2005, S. 195). Im Abkommen sind ebenfalls Möglichkeiten zur Konfliktregelung gegeben, sodass im Streitfall ein dreiköpfiges Streitgremium Schiedssprüche zu treffen hat (vgl. Kipping/Lindemann, 2005, S. 189). Der entscheidende Einfluss des politischen Willens lässt sich insofern ablesen, dass die politische Instabilität und die schlechten Beziehungen der beiden Länder die Kooperation lange verhindert haben, doch vor allem der politische Wechsel in beiden Ländern 1993/94 hat die Zusammenarbeit nachträglich verbessert (vgl. Kipping/Lindemann, 2005, S. 197). Die Unterstützung durch Drittparteien gab es von der Weltbank, die die Kreditvergabe gefördert hat.

4.2 Schlussfolgerung

Insgesamt kann die Wasserkooperation zwischen Lesotho und Südafrika durchaus als effizient bewertet werden. Vor allem aus ökonomischer Perspektive hat das LHWP Erfolge gebracht. Doch während das Projekt in der Planung durchaus als sehr gut ausgearbeitet bezeichnet werden kann, hat die Umsetzung zahlreiche soziale Probleme verursacht (vgl. Nüsser, 2001, S. 36), deren Lösung ein wichtiger nächster Schritt im weiteren Verlauf der Zusammenarbeit sein muss. Während die saubere Stromerzeugung mithilfe von Wasserkraft (vgl. Schneider, 2012) ein vorbildlicher Schritt ist, wurden die zusätzlichen Staatseinnahmen Lesothos bisher nicht zum primären Ziel der Armutsbekämpfung genutzt. Diesem muss jedoch mehr Aufmerksamkeit zuteil werden, da gerade die Landbevölkerung stark von den negativen Folgen des Staudamm-Projekts betroffen ist. So könnten diese Umstände langfristig zur Emigration aus dem Gebirgsstaat führen (vgl. Reeh, 2012). Die Umsetzung der weiteren Phasen des Projekts ist mehr als umstritten und über die tatsächliche Wirksamkeit dieser

Maßnahmen lässt sich bisher nur spekulieren, sodass ein solcher Ausblick nur schwer möglich ist. Dennoch lässt sich festhalten, dass Wasserkooperation in Trockenregionen von entscheidender Bedeutung für betroffene Staaten im 21. Jahrhundert werden wird. Außerdem ist Zusammenarbeit immer effektiver als ein Konflikt und Bespiele wie das LHWP zeigen, dass solche Projekte beidseitige Erfolge bringen können, auch wenn diese oft von Problemen begleitet werden. Diese zu lösen ist jedoch nicht unmöglich.

M1:

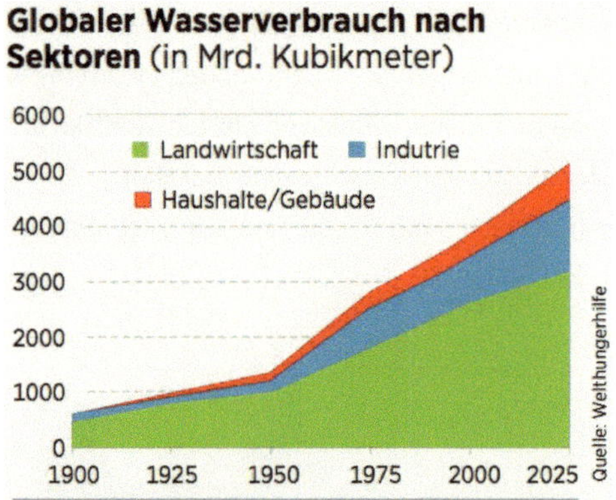

Globaler Wasserverbrauch nach Sektoren 1900-2025

Quelle: Welthungerhilfe; http://images.finanzen.net/mediacenter/aaa/170323-br-41.gif

M2a:

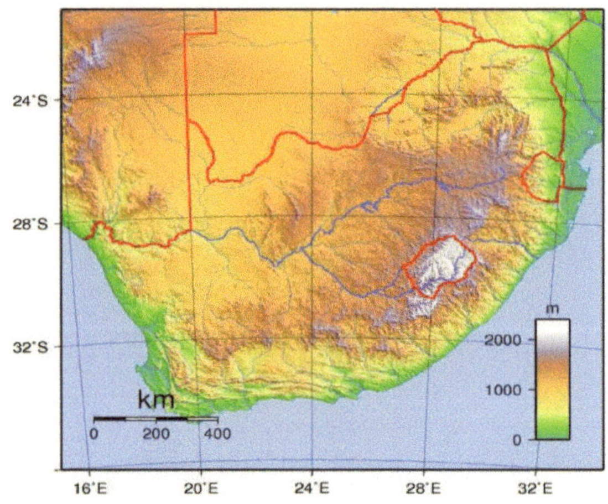

Topographische Karte – Südafrika und Lesotho

Quelle: Sadalmelik,

https://upload.wikimedia.org/wikipedia/commons/a/a5/South_Africa_Topography.png

M2b:

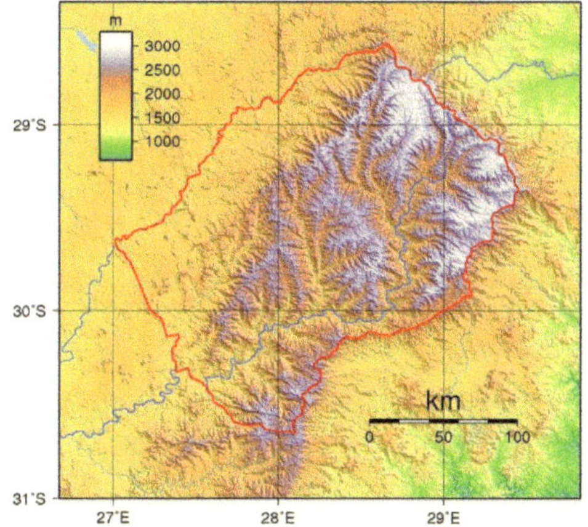

Topographische Karte – Lesotho

Quelle: http://www.mappery.com/Lesotho-topo-Map

M3a:

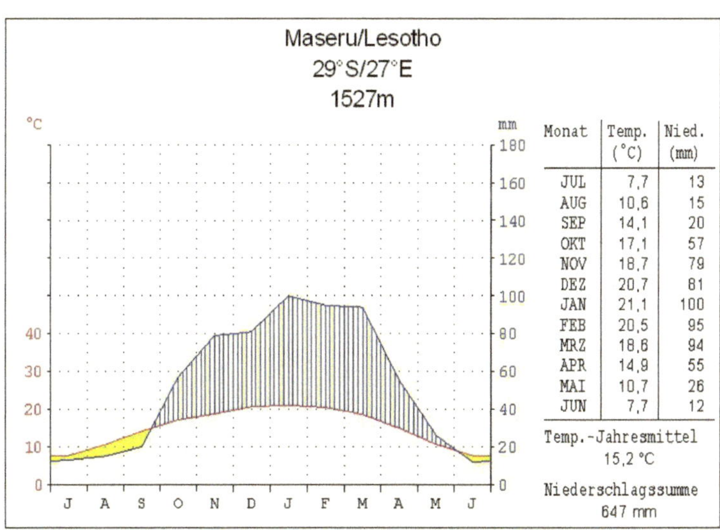

Klimadiagramm: Maseru (Lesotho)

Quelle: Zakysant, https://commons.wikimedia.org/wiki/File:Klimadiagramm_Maseru.png

M3b:

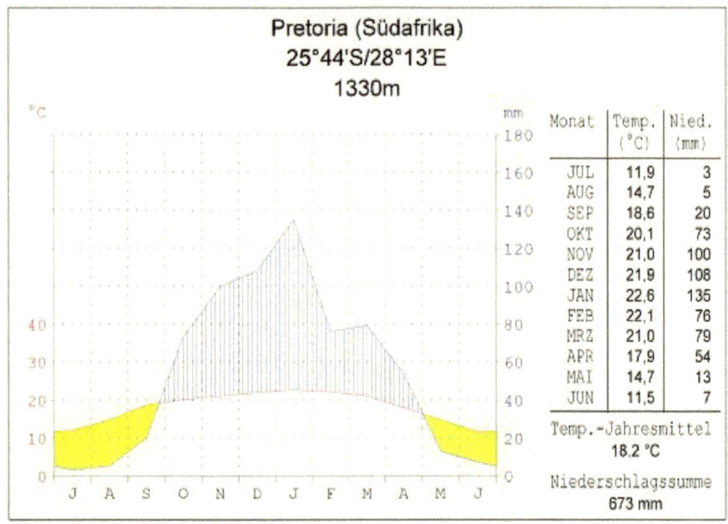

Klimadiagramm: Pretoria (Südafrika)

Quelle: http://www.tis-gdv.de/tis/transportrelationen/klimadiagramme/pretoria_saf.gif

M3c:

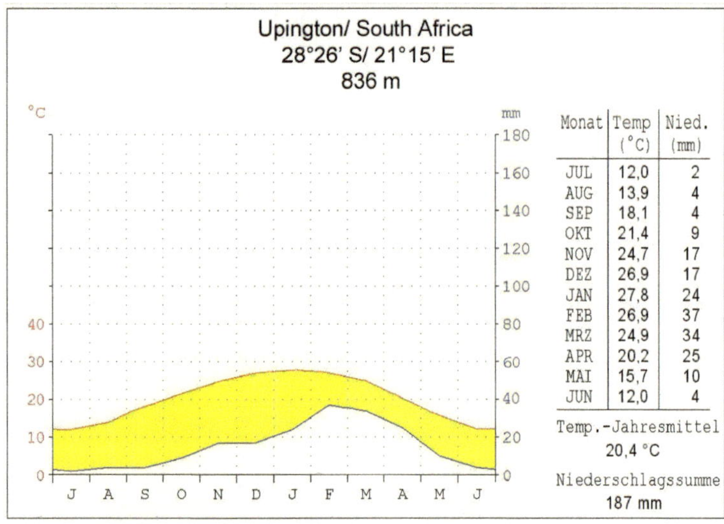

Klimadiagramm: Upinton (Südafrika)

Quelle: http://de.academic.ru/pictures/dewiki/107/klimadiagramm_upington.png

M4:

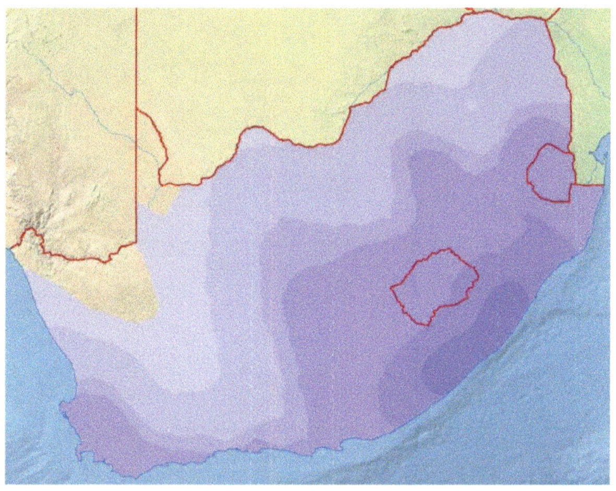

Jahresniederschläge in Südafrika/Lesotho

Quelle:http://www.wetter-suedafrika.de/public/pics/klima-karten/karte-klima-RSA-RRR-

09.jpg

M5a:

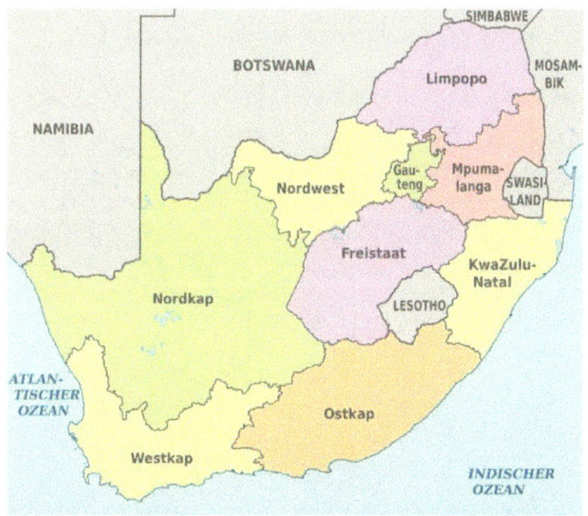

Karte Südafrika - Provinzen

Quelle: https://de.wikipedia.org/wiki/Datei:South_Africa,_administrative_divisions_-_de_-
_colored.svg

M5b:

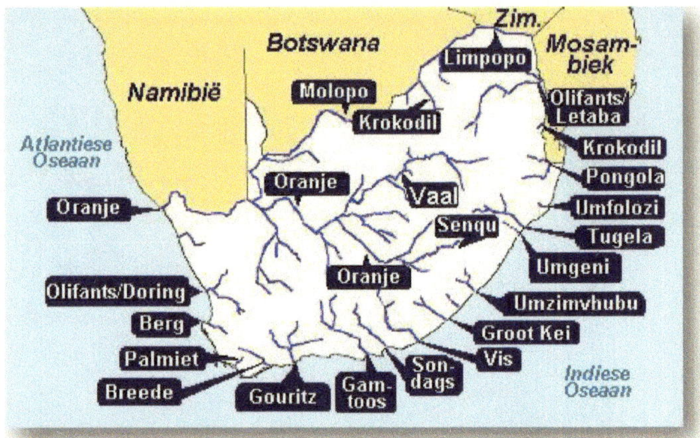

Karte Südafrika/Lesotho: wichtige Flüsse

Quelle:

http://static.cosmiq.de/data/de/a86/9e/a869edcc0be18db9af28760fca85e5ed_1_orig.jpg

M6:

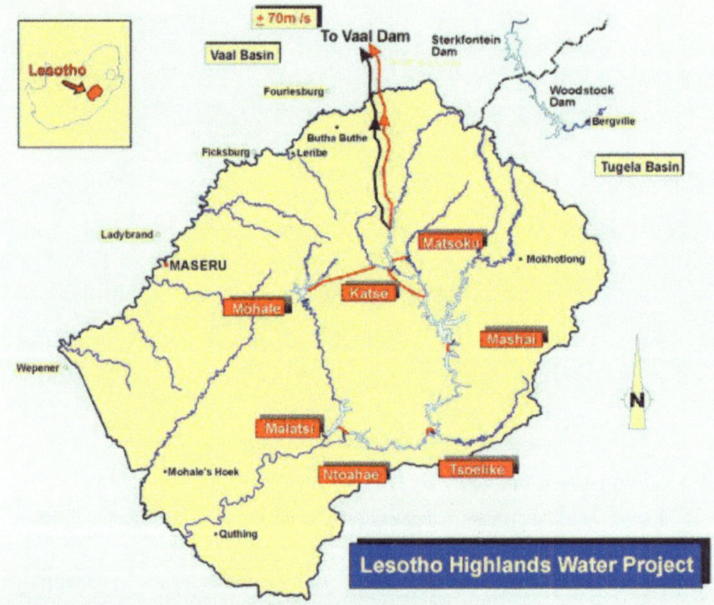

Karte: Ausmaße des Lesotho Highlands Water Project
Quelle: https://www.dwa.gov.za/orange/images/rm207t6.gif

M7:

Satellitenaufnahme der Aufstauung durch Katsedamm, Vergleich 1989/2001

Quelle: NASA Earth Observatory (Jesse Allen), http://www.dw.com/de/staudamm-gebaut-armut-geblieben/a-16181131

<u>Quellenverzeichnis</u>

<u>Literatur:</u>

- DIERCKE: Weltatlas, 2008, S. 140/41
- Fröhlich, Christiane: Wasserkonflikte – Vier Fallstudien. In: Internationale Probleme und Perspektiven (17). Wasser: Zukunftsressource zwischen Menschenrecht und Wirtschaftsgut. Konflikt und Kooperation, 2008, S. 71 – 73
- Khan, Romin: Zwischen Ware und Verfassungsrecht – Wasser in Südafrika. In: Internationale Probleme und Perspektiven (17). Wasser: Zukunftsressource zwischen Menschenrecht und Wirtschaftsgut. Konflikt und Kooperation, 2008, S. 99 - 110
- Kipping, Martin und Lindemann, Stefan: Konflikte und Kooperation um Wasser; Wasserpolitik am Senegalfluss und internationales Flussmanagement im Südlichen Afrika, 2005
- Kluge, Thomas; Scheele, Ulrich: Zwischen Wirtschaftsgut und Menschenrecht: Wasserversorgung und die Millennium-Ziele. In: Internationale Probleme und Perspektiven (17). Wasser: Zukunftsressource zwischen Menschenrecht und Wirtschaftsgut. Konflikt und Kooperation, 2008, S. 13 -15
- Lohnert, Beate (Hrsg.): Diercke Spezial: Subsaharisches Afrika, 2014, S. 16/17
- Nüsser, Marcus: Ressourcennutzung und externe Eingriffe im peripheren Gebirgsland Lesotho. In: Geographische Rundschau 12/2001, S. 30 – 36
- Puhl, Jan: Am Ende des Regenbogens. Wie der Afrikanische Nationalkongress das Erbe Nelson Mandelas ruiniert. In: Der Spiegel 50/2013, S. 90/91
- Schülerduden Erdkunde II, 2001, S. 341/342

<u>Internetquellen:</u>

- Damm, Haidy: Korruption: Tango der Diebe, 20.12.2006, http://www.zeit.de/2006/52/Lesotho/komplettansicht; Sichtung: 13.03.2016

- Länder-Lexikon: Lesotho (Geschichte), keine Zeitangabe
  vorhanden, http://www.laender-lexikon.de/Lesotho_%28Geschichte
  %29; Sichtung: 13.03.2016
- Lexas: Südafrika (Übersicht), keine Zeitangabe vorhanden,
  http://www.lexas.de/afrika/suedafrika/index.aspx; Sichtung:
  13.03.2016
- Pilgrim, Karen: Lesotho Highlands Water Project. Ein Testfall für
  Südafrikas außenpolitische Prinzipien, Oktober 2014,
  http://www.kas.de/wf/doc/kas_39498-1522-1-30.pdf?141111082717;
  Sichtung: 13.03.2016
- Reeh, Martin: Staudamm gebaut, Armut geblieben, 21.08.2012,
  http://www.dw.com/de/staudamm-gebaut-armut-geblieben/a-
  16181131; Sichtung: 13.03.2016
- Ruffert, Michael: Staudamm-Projekt Lesotho, 30.07.2002,
  http://www.deutschlandfunk.de/staudamm-projekt-
  lesotho.697.de.html?dram:article_id=71657; Sichtung: 13.03.2016
- UNDP: Human Development Index, 2014,
  http://hdr.undp.org/en/composite/trends, Sichtung: 13.03.2016
- WKO: Länderprofil Südafrika, aktual. Oktober 2015,
  http://wko.at/statistik/laenderprofile/lp-suedafrika.pdf; Sichtung:
  13.03.2016
- ZEIT: Armeeputsch in Lesotho gegen gewählte Regierung,
  30.08.2014, http://www.zeit.de/politik/ausland/2014-08/lesotho-
  putsch-armee; Sichtung: 13.03.2016

Filmbeiträge:

- Schneider, Jürgen (Regie): Lesotho Exportgut Wasser, 21.08.2012,
  http://www.dw.com/de/lesothos-exportgut-wasser/a-16181128;
  Sichtung: 13.03.2016

Bild auf dem Titelblatt: Böxkes: Katse-Staudamm;
https://www.liportal.de/lesotho/wirtschaft-entwicklung/ ; Sichtung:
28.10.2017